Björn Fehrenbacher

Struktur und Nutzungsmöglichkeiten von Prärien

GRIN Verlag

Bibliografische Information der Deutschen Nationalbibliothek:

Die Deutsche Bibliothek verzeichnet diese Publikation in der Deutschen Nationalbibliografie; detaillierte bibliografische Daten sind im Internet über http://dnb.d-nb.de/ abrufbar.

Impressum:

Druck und Bindung: Books on Demand GmbH, Norderstedt Germany
ISBN: 978-3-638-72698-6

Dieses Buch bei GRIN:

http://www.grin.com/de/e-book/53234/struktur-und-nutzungsmoeglichkeiten-von-praerien

GRIN - Your knowledge has value

Der GRIN Verlag publiziert seit 1998 wissenschaftliche Arbeiten von Studenten, Hochschullehrern und anderen Akademikern als eBook und gedrucktes Buch. Die Verlagswebsite www.grin.com ist die ideale Plattform zur Veröffentlichung von Hausarbeiten, Abschlussarbeiten, wissenschaftlichen Aufsätzen, Dissertationen und Fachbüchern.

Björn Fehrenbacher

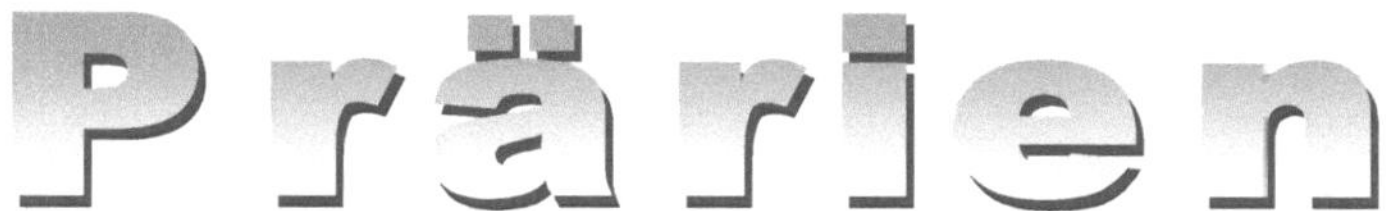

Seminar: Vegetations- und Klimazonen (WS2001/2002)
Hochschule: Pädagogische Hochschule Weingarten

Datum der Fertigstellung: 17.04.2002

Inhaltsverzeichnis

Einleitende Worte **03**

1. Verbreitung und klimatische Merkmale der Prärie **04-07**

2. Strukturmerkmale der Steppenzonen **08-16**
2.1 Waldsteppe 08
2.2 Feuchtsteppe 09
2.3 Trockensteppe 10
2.4 Wüstensteppe 11

3. Bodenzonierungen und Verwitterungsprozesse in den Steppengebieten **17-22**
3.1 Bodenzonierungen
3.1.1 Phaeozeme 17
3.1.2 Tschernoseme 17
3.1.3 Kastanozeme 19
3.1.4 Xerosole 20
3.2 Verwitterungsprozesse in den Steppengebieten 21

4. Nutzungsmöglichkeiten **23-30**
4.1 Nutzungsmöglichkeiten im Bereich der Waldsteppe und in feuchteren Teilbereichen der Feuchtsteppe 23
4.2 Nutzungsmöglichkeiten in trockeneren Teilen der Feuchtsteppe und im Bereich der Mischgrassteppe 24
4.2.1 Anbauprodukte 24
4.2.2 Schwerpunkte der Verbreitung, Leistung und Probleme der gegenwärtigen Getreideproduktion 25
4.3 Nutzungsmöglichkeiten im Bereich der Trockensteppe 29

5. Einstige Nutzung der Steppen durch die Indianer **30-33**

6. Nutzungswandel der Steppengebiete am Beispiel des Staates Wyoming **34-38**
6.1 Nutzungswandel durch weiße Siedler in Wyoming 35
6.2 Nutzungswandel infolge intensiver Rohstoffgewinnung 35
6.3 Nutzungswandel infolge steigender Touristenzahlen 36
6.4 Ökologische Folgen des Nutzungswandels 36

7. Literaturliste **39**

Einleitende Worte

Die Prärien zählen zu den nordhemisphärischen und winterkalten Steppengebieten, zu denen neben den Prärien selbst, auch noch große Teile Zentralasiens (von der Ukraine über Kasachstan, der Mongolei, der Mandschurei und Teilen von Tibet), der Pussta, Alt- und Neukastilien sowie das Hochland des Schotts zählen.
Auf der Südhalbkugel finden sich dagegen vorwiegend wintermilde Steppengebiete, so beispielsweise in Australien der Bereich der Darling Ebene im Südosten des Kontinents, ein schmaler Streifen östlich der Darlingkette, ein äußerst kleines Gebiet im Südosten von Neuseeland, der Bereich von Veld in Südafrika sowie der Pampa in Südamerika. Einzige Ausnahme auf der Südhalbkugel bildet der Bereich des westlichen Ostpatagoniens, in welchem winterkalte Steppengebiete vorherrschen.

Im Folgenden soll nun zunächst auf die Verbreitung und die klimatischen Merkmale der Prärie (Kap. 1), die unterschiedlichen Steppenzonen (Kap. 2), die Bodenzonierungen und Verwitterungsprozesse (Kap. 3) und auf die Nutzungsmöglichkeiten in den verschiedenen Steppenzonen (Kap. 4) eingegangen werden. Im Anschluss wird die einstige Nutzung der Prärien durch die Indianer (Kap. 5) thematisiert, ehe zum Abschluss der Arbeit am Beispiel von Wyoming auf den Nutzungswandel in den Steppengebieten eingegangen wird (Kap.6).

1. Verbreitung und klimatische Merkmale der Prärie

Die Prärien erstrecken sich von **West nach Ost** über eine Gesamtlänge von etwa **1200km**, von **Norden nach Süden** von etwa **55°N (Kanada) bis etwa 30°N**, was einer Gesamtstrecke von etwa **2750km** entspricht. Die Prärien lassen sich klimatisch der **gemäßigten Zone** zuordnen, liegen somit im **Einflussbereich der außertropischen Westwindzone** und verfügen dabei aber über eine **ausgesprochene Leelage bzw. kontinentale Lage**. Im Gegensatz zu den uns vertrauten europäischen Verhältnissen verhindern die in den USA in N-S-Richtung verlaufenden Gebirgszüge des Westens ein Übergreifen der feuchten ozeanischen Luftmassen auf das Innere des Landes, sodass die angesprochenen kontinentalen Klimamerkmale – weitgehend heiße Sommer bei kalten Wintern – entsprechend dominieren. Genauer betrachtet sind es vor allem die **nordsüdlich verlaufenden Rocky Mountains** bzw. die Kordilleren, die sich den Westströmungen in den Weg stellen und diese zum Aufsteigen zwingen. Dabei kühlt sich die Luft um ca. 1°C / 100m ab. Kühlere Luft kann allerdings wesentlich weniger Wasser aufnehmen, die relative Luftfeuchtigkeit steigt, erreicht 100%, es kommt zur Kondensation und somit setzen orographisch bedingte Steigungsregen ein. Die jenseits der Gebirgszüge absinkenden Luftmassen (Lee) sind daher weitgehend trocken und warm. **Weite Teile des intramontanen Beckens und der Great Plains liegen somit im Regenschatten**. Weiter nach Osten nimmt die Humidität durch den Einfluss des Atlantischen Ozeans und vor allem der feuchtwarmen Luftmassen aus dem Bereich des Golfes von Mexiko zu. Dennoch verhindern die **Gebirgszüge am Ostrand (Appalachen) des Kontinents**, dass im Spätsommer oder Herbst monsunale Einflüsse größere Bedeutung erlangen würden. Fasst man den Aspekt der Niederschlagsintensität zusammen, so lässt sich zweifelsohne festhalten, dass die **Niederschläge von Ost nach West bis zum Ostabhang der Rocky Mountains kontinuierlich abnehmen.**

Die Prärien lassen sich im Wesentlichen zu den **winterkalten Steppengebieten**, in denen die mittlere **Temperatur des kältesten Monats unter 0°C** liegt, zuordnen und haben – je nach Lage – zumindest für ein paar Tage Schnee. Einzige Ausnahme bildet der Süden der Great Plains, da das Gebiet hier fast schon an die Subtropen angrenzt. Während des Sommers erreicht die durchschnittliche Einstrahlung Werte, die sich mit den tropisch / subtropischen Trockengebieten messen können. Dies ist auf die banale Tatsache zurückzuführen, dass die Tage in nördlicheren geographischen Breiten länger sind und somit den etwas geringeren Einstrahlungswinkel kompensieren.

Abb. 1: Sonnenhöhe, Tageslänge und Globalstrahlung während des Sommers in Trockengebieten der Nordhemisphäre[1]

Breite	Sonnenhöhe zur Mittagszeit am 22. Juni	Tageslänge am 22. Juni	Golbalstrahlung im Juni bei wolkenlosem Himmel[1]
25°	88°27′	13 h 41 min	$97,97 \cdot 10^8$ kJ $\cdot$ ha^{-1}
40°	73°27′	15 h 01 min	$98,39 \cdot 10^8$ kJ $\cdot$ ha^{-1}

Die Abbildung verdeutlicht, dass Gebiete der trockenen Mittelbreiten während des Hochsommers durchaus ähnliche Einstrahlungswerte erreichen wie tropisch / subtropische Trockengebiete.

Die **Sommer** sind also **heiß**, die mittleren Monatstemperaturen liegen dann weit oberhalb der 20°C-Marke und erreichen – je nach Region und geographischer Breite – gelegentlich sogar 30°C. Da es sich hierbei allerdings jeweils um Durchschnittswerte der einzelnen Monate handelt, ist natürlich zu berücksichtigen, dass die Tagesmaxima wesentlich höher anzusetzen sind. Der hohe Anteil an einfallender Globalstrahlung ist selbstverständlich auch auf die klimatischen Bedingungen zurückzuführen, denn die Prärien gelten als Gebiete mit nur geringer Wolkenbedeckung. In diesem Zusammenhang ist aber auch darauf hinzuweisen, dass die **effektive Ausstrahlung**, die erheblich von der Vegetationsbedeckung abhängt, relativ groß ist. Dies hat also zur Folge, dass ein relativ großer Anteil der einfallenden Strahlung unmittelbar reflektiert wird und entsprechend eine hohe Albedo vorherrscht. In ariden Regionen liegt die Albedo bei etwa 25-30%; ein Vergleich – wie er in der Abbildung 2 auf Seite 6 zum Ausdruck kommt – macht deutlich, dass die Albedo in ariden Gebieten stets deutlich höher ist als in humiden Gebieten:

[1] Schultz, 1988, 230.

Abb. 2: Albedo verschiedener Landoberflächen (Auswahl)[1]:

Aride Regionen		*Humide Regionen*	
Wüste:	25-30%	Grüne Wiese:	10-20%
Sanddüne (trocken):	35-45%	Laubabwerfender Wals:	10-20%
Sanddüne (feucht):	20-30%	Nadelwald:	05-15%

Tagsüber kommt es daher zu einer äußerst raschen Erhitzung der jeweiligen Landoberfläche, während es dagegen nachts zu einer raschen Temperaturerniedrigung kommt. Die tägliche Tagestemperaturamplitude ist daher erheblich.

Abb. 3: Tagesgang der Temperatur in verschiedenen Bodentiefen (0-1m) und der Atmosphäre (0-1000m)[2]

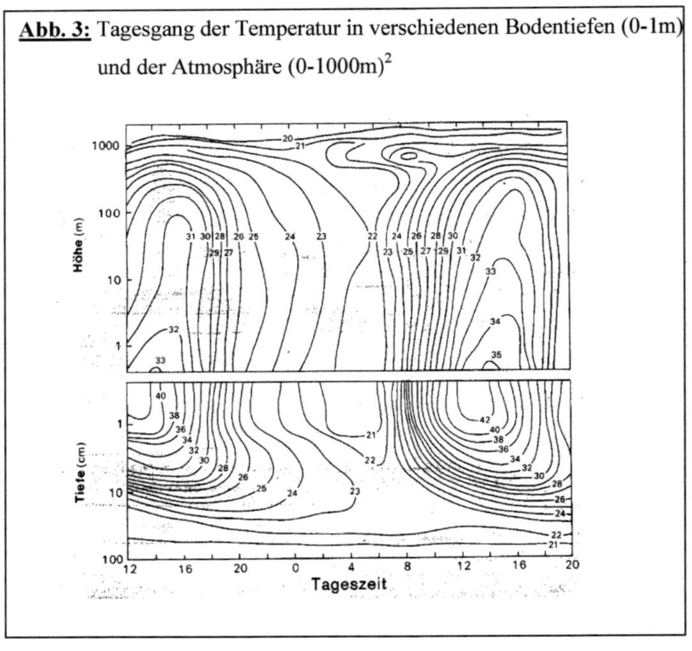

[1] vereinfacht nach Schultz, 1988, 227.
[2] Schultz, 1988, 228.

Abbildung 3 auf Seite 6 veranschaulicht den erläuterten Sachverhalt in erheblichem Maße. Es zeigt sich, dass sich im Verlaufe des Sommers die oberen Bodenschichten stärker erwärmen (40-42°C) als die sich darüber befindlichen Luftschichten (33-35°C). Bei genauerem Hinblick ist aber ersichtlich, dass die erhebliche Bodenerhitzung auch nur die oberen 5-6cm erreicht.

Versucht man den Aspekt der Temperaturentwicklung in den Prärien zu verdeutlichen, so kann man vereinfacht sagen, dass die Temperatur auf dem Weg von Norden nach Süden erheblich ansteigt.

2. Strukturmerkmale der Steppenzonen

Abhängig vom Ariditätsgrad lassen sich unterschiedliche **Steppentypen** herausbilden und unterscheiden. Die folgende Klimasequenz erstreckt sich von Ost nach West und ist somit Spiegelbild zunehmender Humidität.

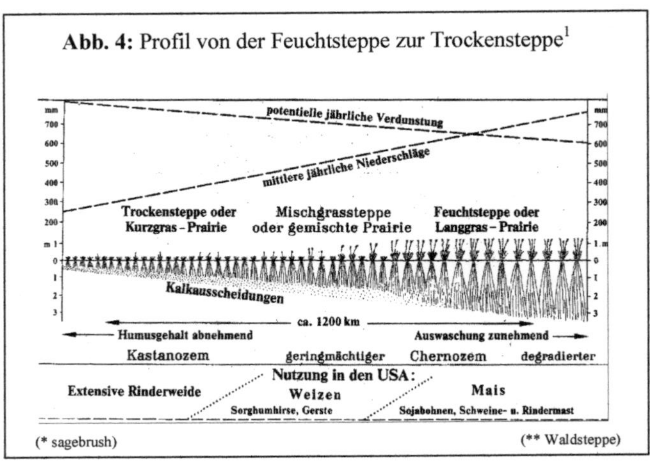

Abb. 4: Profil von der Feuchtsteppe zur Trockensteppe[1]

2.1 Waldsteppe

Primäres Kennzeichen der Waldsteppe ist ein **lichter Werden des Waldes.** Zwischen den baumbestandenen Flächen kündigen sich **häufig Grasinseln** an, so z.B. in der berühmten 'Blue Grass Region' in Kentucky.[2] Die Waldsteppe ist durchsetzt mit einer Vielzahl von **blütenreichen, krautigen Pflanzen**; nicht selten blühen bis zu 70 Arten gleichzeitig. Baum- und Gebüschgruppen finden sich vorwiegend entlang von Wasserläufen oder auf steinigem Gelände, da das Gras im Konkurrenzkampf durch ein oberflächennahes und fein ausgeprägtes Wurzelsystem weniger Chancen hat, das Wasser zu absorbieren. Die **mittleren Jahresniederschlagsmengen lassen sich zwischen 500 und 800mm** angeben, wobei insgesamt betrachtet ein typisches Sommermaximum der Niederschlagsmengen angegeben werden. kann, wobei die tatsächlichen Niederschlagsmengen allerdings auch von der jeweiligen Lage eines Gebietes und insbesondere von dessen Höhenlage abhängen. Es lassen sich daher im Osten Nordamerikas feuchtere Waldsteppen, in denen in der jeweiligen

---

[1] vereinfacht und erweitert nach: Schultz, 1988, 271.
[2] vgl. Jätzold, Ralph, 11/1984.

Waldkomponente die Eichen dominieren, von etwas kälteren und daher trockeneren Waldsteppen – wie beispielsweise am Fuß der Rocky Mountains - , in denen in der Waldkomponente zahlreiche Kieferngruppen dominieren, unterscheiden. **Aufgrund der im Regelfall hohen Niederschlagsmengen ist die eigentliche Blütezeit daher der Spätsommer, in welchem die Gräser eine Höhe von 1-2m erreichen.** Zahlreiche artenreiche Galeriewälder finden sich westlich des Mississippi. Mit zunehmender Annäherung an die Feucht- bzw. Langgrassteppe löst sich der Wald zusehends auf, sodass nur noch Waldinseln das Landschaftsbild prägen. Die Böden der Waldsteppengebiete sind im Regelfall gut durchfeuchtet, leiden daher nicht unter Wassermangel und sind sehr fruchtbar. Vorherrschender Bodentyp der Waldsteppe ist der Phaeozem (vgl. Kap.3.1.1). Die meisten Waldsteppengebiete sind heute darüber hinaus vorwiegend in Kultur genommen.

2.2 Feuchtsteppen

Für die Feuchtsteppen ist charakteristisch, dass sich die in der Waldsteppe noch zahlreich vertretenen **Waldinseln** deutlich zurückziehen. Primär findet man diese **vorwiegend auf steinigem Gelände, weil auf steinigem Gelände die Konkurrenz des Grases weitaus weniger stark ausgeprägt ist**. Auch in Taleinschnitten oder kleineren Mulden, in denen sich etwas Wasser durch Zuflüsse sammelt, sind Waldinseln vorhanden. Neben zahlreichen Grasarten (u.a. Andropogon scoparius, Stipa comata[1]) sind auch Kräuter zahlreich vertreten. Die einzelnen **Grasarten** werden **im Regelfall 40-100cm hoch**, sodass man auch von Hochgrassteppen oder in Nordamerika von der „**Long gras prairie**“[2] spricht.

Im Normalfall ist die Mehrzahl aller Monate in den Feucht- bzw. Langgrassteppen noch humid, zumindest aber semi-humid, was bedeutet, dass der Niederschlag mit mehr als 50% der potentiellen Evapotranspirationsrate anzusetzen ist. In mehr als drei Monaten herrschen aride Klimabedingungen vor. Die Vegetationsperiode ist daher in der Feucht- bzw. Langgrassteppe einige Monate kürzer als in der Waldsteppe und hält bis zum Frühsommer an. Die Schneeschmelze führt in den Frühjahrsmonaten zu einer guten Durchfeuchtung des Bodens, sodass sehr fruchtbare, vorwiegend Schwarzerde- (Tschernosem-)Böden vorherrschen (vgl. Kap. 3.1.2). Im Übergangsbereich zwischen Feucht- und Trockensteppe spricht man in Nordamerika häufig von der ′gemischten Prärie′ bzw. der „mixed grass prairie“[3], in welcher Kurzgräser wie Bouteloua gracilis, Buchloe dactyloides[4] gegenüber

---

[1] vgl. Walter, Heinrich, 1990.
[2] Jätzold, Ralph, [11]/1984: Steppengebiete der Erde. Bedingungen und Möglichkeiten. In: Praxis Geographie, [11]/1984.
[3] ebd.
[4] vgl. Walter, Heinrich, 1990.

Langgräsern weitgehend dominieren. In diesem Übergangsbereich stellt allerdings die Niederschlagsvariabilität, auf welche in einem weiteren Teilkapitel gesondert eingegangen wird, ein ernstzunehmendes Problem und somit auch eine Schwierigkeit in der tatsächlichen Abgrenzung dar. Dies hat zur Folge, dass die ´mixed grass prairie´ periodisch mehr nach Westen oder Osten und somit mehr zur Lang- bzw. Kurzgrasprärie übergeht.

2.3 Trockensteppen

Die Trockensteppe ist – sofern man von Galeriewäldern an Fremdlingsflüssen absieht – **weitgehend waldlos**, da das Wasserdefizit während des Jahres für den Baumwuchs zu groß ist. Entsprechend zunehmender Aridität **nimmt auch die Grashöhe zusehends ab** und beträgt nur noch zwischen **20 und 40cm**. Die Trockensteppe wird daher oft auch als **Kurzgrassteppe**, in Nordamerika als **„short grass prairie“**[2] bezeichnet. In Nordamerika ist sie vor allem im Bereich der Great Plains mit dem niedrigen Buffalogras (Buchloe dactyloides[3]) als einer der wichtigsten Grasarten vorherrschend. Neben den Gräsern, die hauptsächlich nur noch über Büschelwuchs verfügen, gibt es nur noch wenige krautige Pflanzen. Für diese **wenigen krautigen Pflanzen** ist die Wuchsform des kugeligen **Steppenrollers** charakteristisch, welcher bei der entsprechenden Samenreife trocknet, in der Folge abbricht und dann durch den Wind über das Steppengebiet getragen wird, wo er die Samen verteilt. Im Regelfall sind in der Trockensteppe **höchstens 5 Monate humid**, während die übrigen **7-10 Monate aride**, **mindestens aber semi-aride** Klimabedingungen aufweisen. Eigentlich könnten Bäume bei diesen Bedingungen noch gedeihen, doch fallen hier **die wenigen humiden Monate ausgerechnet mit der eigentlichen Hauptwachstumszeit des Grases zusammen**, welches auf den vorherrschenden feinkörnigen Böden (vorwiegend Lößböden) im Konkurrenzvorteil ist. Da der Boden im Übrigen in den Wintermonaten häufig gefroren ist und im Frühjahr die Schneeschmelze recht schnell einsetzt, kann eine winterliche Feuchtespeicherung kaum stattfinden. Die **durchschnittlichen Jahresniederschlagsmengen** lassen sich – je nach Lage – **zwischen 200 und 500mm** angeben; die eigentliche Vegetationsperiode ist auf das Frühjahr beschränkt.

---

[2] Jätzold, Ralph, 11/1984: Steppengebiete der Erde. Bedingungen und Möglichkeiten. In: Praxis Geographie, 11/1984.
[3] vgl. Jätzold, Ralph, 11/1984.

Ein typisches Beispiel für die Trocken-/Kurzgrassteppe ist **Pawnee**.

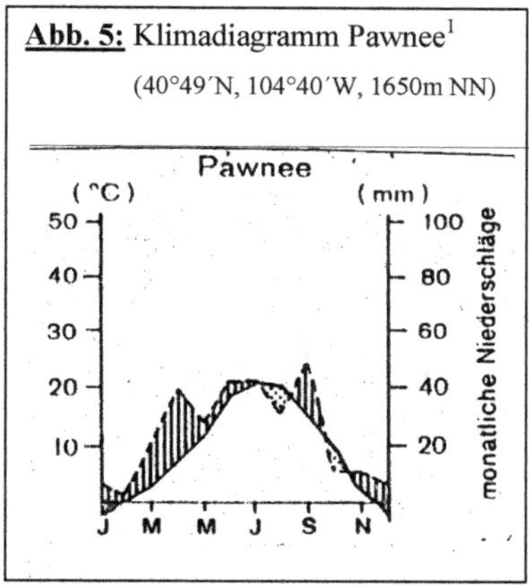

Abb. 5: Klimadiagramm Pawnee[1]
(40°49'N, 104°40'W, 1650m NN)

Auffallend in Pawnee sind (noch) verhältnismäßig milde Winter, in denen das Temperaturminimum im Dezember und Januar knapp unter 0°C anzusetzen ist. Im Frühjahr fallen die meisten Niederschläge, das Niederschlagsmaximum wird im Frühjahr im Monat April erreicht, ein zweites – aber kürzeres – Niederschlagsmaximum im Herbst.

Die Sommermonate sind relativ warm und pendeln zwischen Juni und August im Durchschnitt um etwa 20°C. Die mittleren Jahresniederschlagsmengen betragen 311mm und liegen somit in dem für die Kurzgrasprärie typischen Niederschlagsbereich. Die Jahrestemperatur liegt – aufgrund der Höhenlage – bei 8,3°C.

2.4 Wüstensteppen

Charakteristisch für die Wüstensteppen sind **holzige Pflanzen** – vielfach **Zwerg- und Halbsträucher**, wie beispielsweise die durch ihren silbernen Glanz bekannten **Wermutarten**, weshalb die Wüstensteppen häufig auch als **Zwergstrauchsteppen** oder in Nordamerika als „**sagebrush**“[2] bezeichnet werden. Je nach unterschiedlichem Grad der Aridität geht auch der Deckungsgrad der perennen Vegetation stetig zurück. Im Allgemeinen bleibt er in den Wüstensteppen stets unter 50% und fehlt in den extremen Wüstensteppen vollends. In noch mäßig ariden Klimaregionen herrscht eine noch weitgehend diffuse Vegetation vor, sodass

[1] Schultz, 1988, 253.
[2] Jätzold, Ralph, ^{11}/1984: Steppengebiete der Erde. Bedingungen und Möglichkeiten. In: Praxis Geographie, ^{11}/1984.

sich die einzelnen Pflanzen relativ gleichmäßig über das entsprechende Gelände verteilen. Der **Abstand der Pflanzen erweitert sich** – je nach Grad der Aridität – dabei zusehends, was bedeutet, dass den jeweiligen Pflanzen mehr Wurzelraum zur Verfügung steht. Diesen erläuterten Sachverhalt veranschaulicht die untenstehende Abbildung.

Abb. 6: Darstellung des Übergangs einer volldiffusen in eine weniger diffus werdende Vegetation[1]

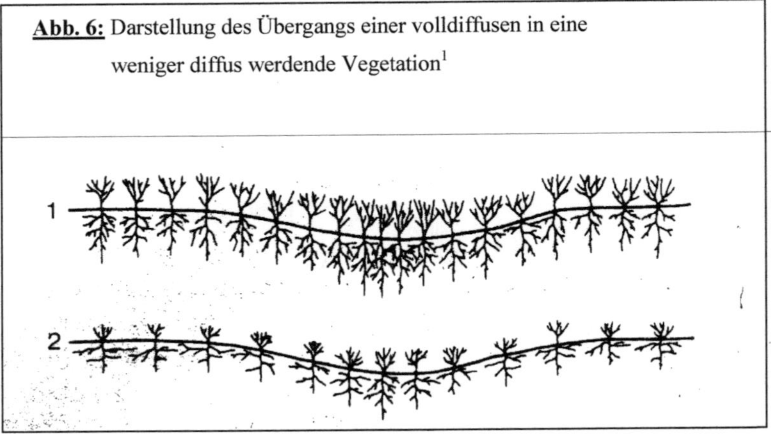

Bei **lückigem Pflanzenbestand, in welchem die Deckungsgrade über 50% liegen**, spricht man von **Wüstensteppen, sonst von Halbwüstensteppen**. Der entsprechende Übergang zu den (Voll-)Wüsten. stellt sich dort ein, wo die anfangs diffuse Vegetation in eine kontrahierende Vegetation übergeht. In diesem Bereich treten große Teile ohne jegliche Dauervegetation auf, die kontrahierende Vegetation beträgt dabei im Regelfall weniger als 10%. Der **Pflanzenwuchs beschränkt sich somit also nur auf jene Flächen, in denen etwas Wasser durch Zuflüsse zusammenkommt.**

---

[1] Scholz, 1998, 263.

Abb. 7: Übergang von einer diffusen in eine zunehmend kontrahierende Vegetation:[1]

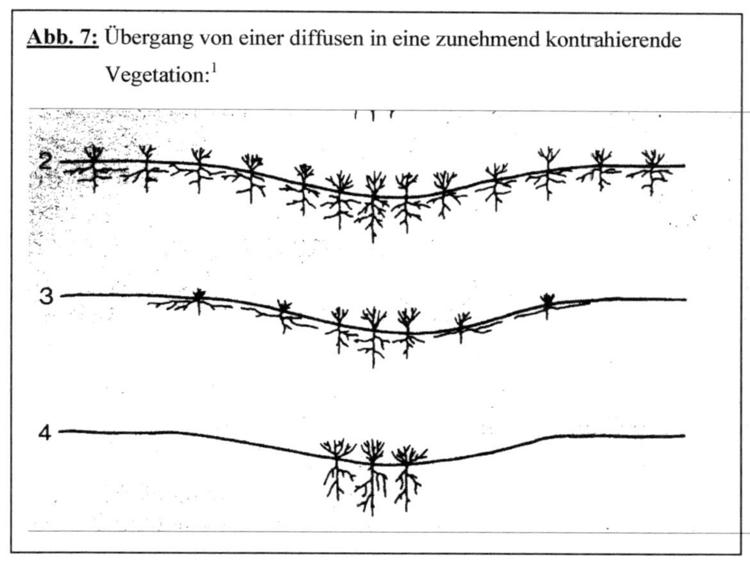

Wichtig ist in diesem Zusammenhang der Sachverhalt, dass die jeweilige Vegetationsbedeckung natürlich immer vom jeweiligen Wasserangebot abhängt, welches sich aus Niederschlägen, Bodenart bzw. Bodengüte, Relief und dem der Pflanze zur Verfügung stehendem Wurzelraum ergibt. Hierbei muss berücksichtigt werden, dass die spärliche, vorwiegend kontrahierende Vegetation, dazu führt, dass die gelegentlich einsetzenden Niederschläge direkt auf dem Boden auftreffen und somit zu einer – wie Scholz sie nennt - **´splash erosion´**[2] und in der Folge zu einer **Reduzierung der Infiltrationsrate** führen. Die Infiltrationsrate gibt die Menge an Regenwasser an, „die anfänglich und mit Fortgang eines Niederschlagsereignisses pro Zeiteinheit in den Boden einzusickern vermag."[3] Da diese aber aufgrund der kontrahierenden Vegetation deutlich reduziert ist, bedeutet dies, dass nur äußerst geringe Niederschlagsmengen an jenen Stellen in den Boden einsickern, an denen sie auch auftreffen. **Der weitaus größere Teil fließt entlang etwaiger Geländeneigungen oberflächlich ab und mündet in Trockentäler, Fußzonen von Gebirgen (Pedimente, bajados) oder in Pfannen (playas).** Je weiter die entsprechenden Wassermengen fortgeführt

[1] Scholz, 1988, 263.
[2] vgl. Scholz, Jürgen, 1988.
[3] Scholz, Jürgen, 1988: Die Ökozonen der Erde. Stuttgart: Ulmer.

werden, ändert sich auch das Material und damit auch die Bestandteile der mitgeführten Mineralien. Mit zunehmender Entfernung und Neigung vom jeweiligen Auftreffort wird das durch die Wassermengen und dem Wind mitgeführte Material feinkörniger und die entsprechende Auflage mit dem unterliegenden Gestein mächtiger. Der obere entsprechend noch weitgehend grobkörnige Aufschüttungsbereich – wird als 'bajada', der untere – entsprechend feinkörnigere und tonreicherer Aufschüttungsbereich – als 'playa' bezeichnet.

Abb.8: Typische Reliefsequenz in Trockengebieten (Gradzahlen entsprechen ungefährer Hangneigung:[1]

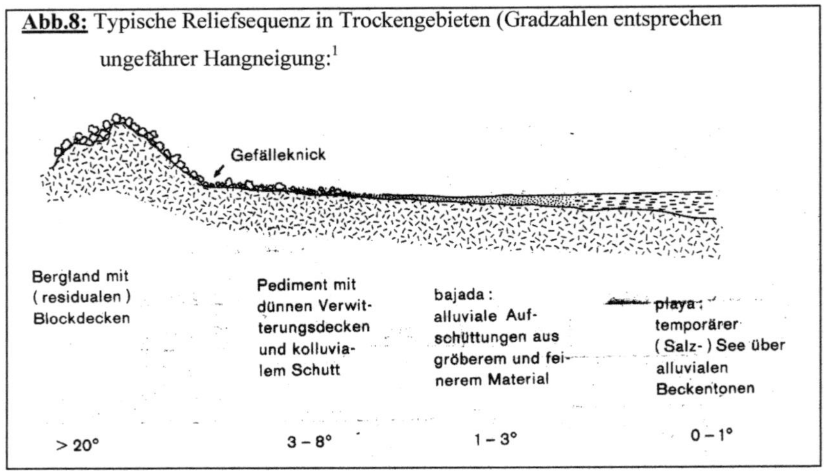

Außerdem ist ferner die entsprechende Bodenart äußerst wichtig, denn sie entscheidet in erheblicher Weise über den Grad der Infiltrationsrate und damit letztlich über den Verbleib des einsickernden Wassers. Ist die vorhandene Textur ausgesprochen fein und die Feldkapazität hoch, so bleibt die Einsickerungstiefe geringer als bei einer groben Textur mit geringerer Feldkapazität. In diesem Fall ist dann der Anteil an pflanzenverfügbarem Wasser hoch und der – durch kapillaren Bodenwasseraufstieg – stattfindende Verdunstungsverlust – weitaus geringer, sodass das Wasser letztlich tiefer in den Boden versickern kann.

[1] Scholz, 1988, 234.

Abb. 9: Wasserspeicherfähigkeit in Böden unterschiedlicher Korngrößenzusammensetzungen:[1]

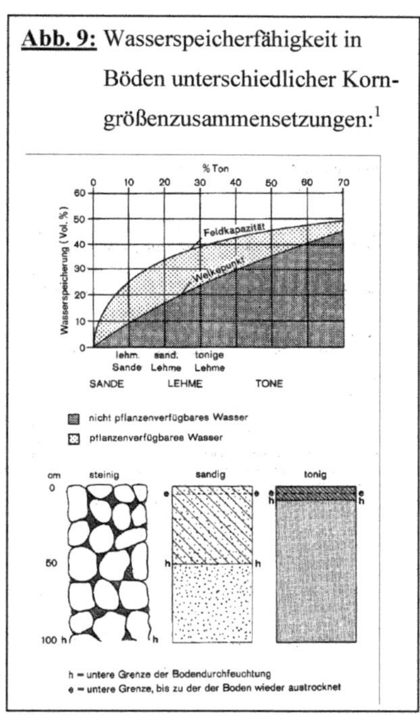

Grundvoraussetzung für das Verstehen der obigen Abbildung ist die Tatsache, dass die Einsickerungstiefe in den Boden bei hoher Feldkapazität stets geringer wird. Die Feldkapazität ist in tonreichen Böden stets höher als in sandigen oder gar steinigen Böden. Geht man von einer Niederschlagsmenge von 50mm aus, so sickert das Wasser bei einer grobkörnigen Textur in weitaus stärkerem Maße in den Boden ein.

„Von dem eingesickerten Wasser ist grundsätzlich nur derjenige Teil pflanzenverfügbar, dessen adsorptive und kapillare Anbindung an Bodenpartikel mit weniger als (etwa) 15-60 bar erfolgt (je nach Wurzelsaugspannung der vorkommenden Pflanzen).“[2]

Dieser ist beispielsweise in sandigen Böden wesentlich größer als in lehmigen Böden. Nicht nutzbar ist auch der Anteil, der durch Evaporation direkt an der entsprechenden Oberfläche

[1] Scholz, 1988, 260.
[2] Scholz, 1988, 260.

wieder verdunstet. Der entsprechende Verlust liegt in steinigen Substraten nahe 0%, in sandigen Böden bei 10-15% und ist in Tonböden mit > 50% anzusetzen.

Zusammenfassend lässt sich daher aussagen, dass **Böden auf steinigem Gelände oder Sanden** – unter vergleichbaren Bedingungen – **gegenüber Tonböden wesentlich bessere Wasserhaushaltebedingungen aufweisen.**

In Anpassung an den jeweiligen Grad des Dürrestresses ist für alle perennen Pflanzenarten charakteristisch, dass sie eine **Art Dürreresistenz** entwickelt haben. Entweder können sie die langen Dürreperioden ohne jegliche Schäden überstehen oder sie speichern größere Mengen an Wasser bei entsprechender Schutzhaut vor übermäßiger Wasserverdunstung in den Dürremonaten. Daher sind wasserspeichernde Arten, die sogenannten **Sukkulenten**, in den **Halbwüstensteppen wesentlich häufiger anzutreffen als poikilophydre Pflanzen, sogenannte Steh – Auf – Pflanzen.** Die **Sukkulenten** werden abhängig vom jeweiligen Stamm in **Blattsukkulenten, Stamm- /Sprosssukkulenten oder Wurzelsukkulenten** mit flachen – unter der Bodenoberfläche sich ausbreitende – Wurzelsystemen unterschieden.

Sogenannte **Xerophyten**, die als arido-aktive und daher nicht wasserspeichernde Pflanzen angesehen werden können, **werfen in den Trockenmonaten ihre Blätter entweder ab oder verfügen über Blätter mit verdickter Cuticula und kleineren Spaltöffnungen**.

Neben den dürreresistenten Pflanzen gibt es auch **ephemere und damit dürre-empfindliche (arido-aktive) Pflanzen**, deren Sprosse keinerlei Anpassungsvermögen an den Dürrestress aufweisen. Somit haben sie eine außerordentlich kurze Phase der Entwicklung und blühen lediglich nur für 1-2 Monate. **Die eigentlichen Dürrezeiten überstehen dürre-empfindliche Pflanzen als Samen.**

Blickt man auf die Niederschlagsmenge in den Wüstensteppen zurück, so lassen sich im Regelfall **1, höchstens 2 humide Monate** angeben. Die Jahresniederschlagsmengen liegen – je nach geographischer Breite und Grad der Aridität – bei höchstens 250mm.

Als vorherrschender Bodentyp ist zumeist der Xerosol (vgl. Kap.3.1.4) anzutreffen.

3. Bodenzonierungen und Verwitterungsprozesse in den Steppengebieten

Die Bodenzonierung entspricht in den nordamerikanischen Steppenzonen im Wesentlichen der Klima- bzw. Vegetationszonierung und ist daher u.a. auch vom Ariditätsgrad abhängig.

3.1 Bodenzonierungen

3.1.1 Phaeozeme (Waldsteppe)

Gemäß der hohen Anzahl an humiden Monaten sind für die **Waldsteppe Phaeozem–Böden**, die über eine **dunkelbraune bis schwärzlich-graue Farbe** verfügen, charakteristisch. Diese sind **häufig aus Löß und damit aus basenreichen Sedimenten hervorgegangen**; sie gelten als sehr **tiefgründige Böden** und **verfügen über einen hohen Anteil an verwitterbaren Materialien.** Die **Tonminerale sind vorwiegend Dreischichttonminerale** und gehören zu den **Illiten und Smectiten**. Dreischichttonmineralien bilden sich vorwiegend bei mäßiger klimatischer Verwitterungsintensität und sind daher für die gemäßigten Zonen der Außertropen häufig vorherrschend. Sie verfügen über ein **gutes Sorptionsvermögen**, insbesondere für Wasser und Nährstoffe und **sind** daher **in der Lage, Feuchtigkeitsdefizite in niederschlagsärmeren Perioden, überstehen zu können**. Gegenüber dem in der Feucht- bzw. Langgrassteppe verbreiteten Chernozem-(Schwarzerde-)Boden ist der **Humushorizont von geringerer Mächtigkeit; Carbonatauswaschung und Verbraunung sind in erheblichem Maße verbreitet.** Viele der Mineralien enthalten neben **Aluminium- und Siliciumverbindungen auch Eisenverbindungen.** Bei entsprechender chemischer Verwitterung dieser Materialien kommt es infolge Eisenfreisetzung zur Oxidation und es entsteht ein Eisenoxidhydrat, welches den Boden braun färbt. Eine gleichmäßig erfolgende Durchfeuchtung des Bodens begünstigt dabei den einsetzenden Verbraunungsprozess.

Phaeozeme gelten im Regelfall als **äußerst fruchtbare Böden und finden sich in Nordamerika zumeist im sogenannten Maisgürtel, im Bereich zwischen Wisconsin und Missouri.**

3.1.2 Tschernoseme (Feuchtsteppe)

Schwarzerde (Chernozem / Tschernosem) ist für die **Feuchtsteppe** charakteristisch, in welcher dieser am mächtigsten ausgebildet ist. Er **entsteht unter semiariden und winterkalten, somit unter vorwiegend kontinentalen Klimaverhältnissen**, besonders **auf Löß, Mergel und ähnlichen Lockermaterialien.** Der Aspekt, dass der Tschernosem-Boden unter der Feucht- / Langgrasprärie am mächtigsten ausgebildet ist, ist auf die Tatsache zurückzuführen, dass hier „das Verhältnis von Feuchtigkeit (die viel Graswuchs ermöglicht) zu Trockenheit plus Winterkälte (die den Abbau der organischen Substanz bremst) am günstigsten für die Humusproduktion“[1] ist.

Die erheblichen Niederschlagsmengen, die **in den Frühjahrsmonaten** besonders stark ausfallen, **führen zu einem raschen Gedeihen der Pflanzen**, während in den **trockeneren Sommermonaten zahlreiche Bodentiere** – hierzu zählen u.a. Präriehunde, Hamster, Regenwürmer und Ziesel – **die verdorrten Kräuter und Pflanzenreste tief in den Boden einarbeiten**. In den **feuchteren Herbstmonaten** setzt dann der **Prozess der Verwesung und der Humifizierung** ein, welche in den kalten Wintermonaten allerdings unterbrochen wird. Dies führt zu der Tatsache, dass die Humifizierung daher in weitaus größerem Maße erfolgt als die entsprechende Verwesungskomponente. Der Humusgehalt ist daher erheblich und liegt zwischen 5 und 10%, sodass sich ein **bis zu 1,5m mächtiger A_h-Horizont ausbilden** kann. Die **dunkle Einfärbung des Schwarzerdebodens bedingt letztlich auch einen positiven Einfluss auf den Wasserhaushalt des Bodens, da diese eine raschere Erwärmung im Frühjahr ermöglicht und somit mit einer verlängerten Vegetationsperiode einhergeht.** Die entsprechende **Durchlüftung des Bodens** ist durch die rege Tätigkeit der zahllosen Bodentiere auch in großen Tiefen **äußerst gut**. Der **hohe Anteil an Huminstoffen** bewirkt, dass der mikrobielle Abbau in erheblichem Maße reduziert wird, sodass sich ferner Wassermoleküle und Ionen austauschbar anlagern können, wodurch sie einen **positiven Einfluss auf den Nährstoffgehalt des Bodens bewirken**. Aufgrund des hohen Huminstoff- und Tongehaltes ermöglicht der Boden eine **gute Wasserspeicherung**, sodass die Pflanzen auch längere Trockenphasen überdauern können und eine reiche Austauschbarkeit an Nährstoffen möglich ist.

Tschernoseme gelten als Böden mit höchster potentieller Fruchtbarkeit und bieten daher die besten Voraussetzungen für die landwirtschaftliche Nutzug.

---

[1] Jätzold, Ralph, [11]/1984: Steppengebiete der Erde. Bedingungen und Möglichkeiten. In: Praxis Geographie, [11]/1984.

Abb. 10: Profil eines Schwarzerde-Bodens:[1]

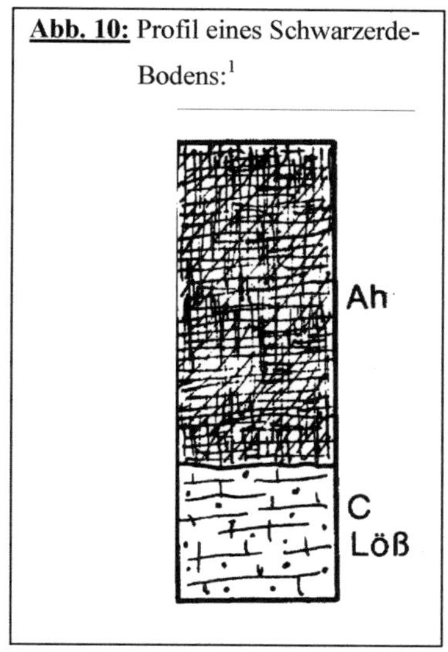

Im Übergangsbereich zwischen Feuchtsteppe und Trockensteppe ist – wie in Abb. 4 auf Seite 8 veranschaulicht – die Schwarzerde im Bereich der gemischten Prärie von geringerer Mächtigkeit. Hier sind die entsprechenden klimatischen Verhältnisse, insbesondere aufgrund dem Sachverhalt zunehmender Aridität, für die Humusproduktion nicht mehr optimal, sodass dessen Anteil hier nur noch bei 2-4% liegt.

3.1.3 Kastanozeme (Trockensteppe)

Entsprechend zunehmender Aridität und zunehmender Vegetationsknappheit ist der **Humushorizont A_h gegenüber dem Tschernosem-Boden von weitaus geringerer Mächtigkeit** und von **brauner bzw. kastanienbrauner Farbe**. Je stärker man sich letztlich in Richtung der Halbwüstensteppen bewegt, umso geringer ist der Humushorizont A_h entwickelt.

Ein Indiz für die zunehmende Trockenheit ist **zunehmend aufsteigendes Bodenwasser**, sogenanntes **Kapillarwasser**, wodurch es zur **Anreicherung von Salzen im Oberboden** und an der Oberfläche kommt. Dies hat zur Folge, dass der **Boden** – je weiter man sich den Wüstensteppen nähert – **stetig an Fruchtbarkeit verliert**. Aufgrund des vielmonatigen Wasserdefizits kann das prinzipiell vorhandene Nutzungspotential in der Regel nur über die

[1] Bender, 1994, 46.

verbesserte Methode des 'dry farmings'(vgl. Kap. 4.2.2) aufrechterhalten werden. Hierbei ist allerdings die **Gefahr der Versalzung** erheblich, weshalb in den ariden Präriebereichen heute vorwiegend **Weidenutzung**, in Form des bekannten **Ranchings** betrieben wird.

Abb.11: Bodenprofil der kastanienfarbigen Böden:[1]

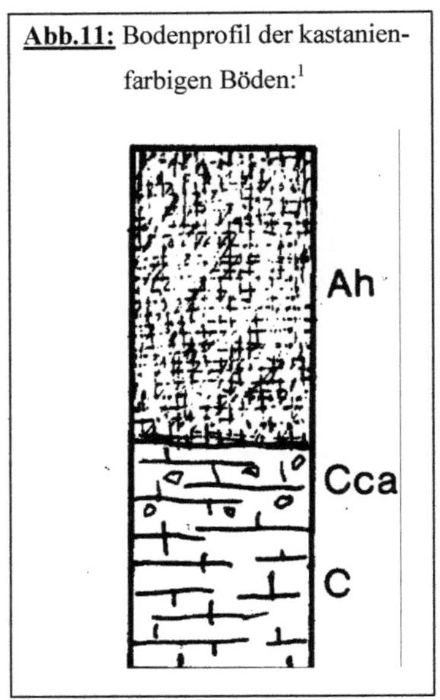

3.1.4 Xerosole (Halb-/Wüstensteppe)

Xerosole gelten als **typische Böden der (Halb-)Wüstensteppen** und sind durch einen **schwachen**, je nach Ariditätsgrad auch sehr schwachen, **Humushorizont A_h** gekennzeichnet. 'Sehr schwach' bedeutet gemäß den Ausführungen Schultes, „dass der Humusgehalt in den oberen 40cm bei Tonen höchstens 1 Gew. %, bei Sanden weniger als 0,5 Gew. % beträgt."[2] **Aufgrund der geringen Niederschlagsmengen findet nur eine kurzzeitige Bodendurchfeuchtungsphase statt**, sodass weder eine Stoffauswaschung noch eine Lösungsverwitterung der entsprechenden Silikate in nennenswertem Umfang stattfinden kann. Vielmehr kommt es zur **Anreicherung leicht löslicher Salze**. Abhängig vom Ariditätsgrad herrschen daher häufig auch **Salzböden in Form von Solonchake und Solonetzen** vor. Die **Solonchake-Böden** sind durch einen entsprechend hohen Gehalt an leicht wasserlöslichen Salzen geprägt, der wenigstens 0,2 Gew. % beträgt. Die Salzverteilung ist dabei

[1] Bender, 1994, 46.
[2] Schultz, Jürgen, 1988: Die Ökozonen der Erde. Stuttgart: Ulmer.

jahreszeitlichen Schwankungen unterworfen; **in Trockenperioden kommt es vielfach zum kapillaren Aufstieg von Bodenwasser, sodass sich an der Oberfläche teilweise Salzausblühungen oder gar Krusten bilden.** In Regenzeiten spült das einsickernde Wasser dagegen einen großen Anteil der Salze wieder in den Unterboden zurück. Prinzipiell spielt neben der jeweiligen Salzart auch die Menge und die entsprechende Verteilung der Salze eine wichtige Rolle. Gegenüber den mit viel Na-Carbonaten ausgestatteten sodareichen Solonchake-Böden (ph-Wert bei >10) und den mit weniger Na-Carbonaten ausgestatteten chloridreichen Solonchake-Böden (ph-Wert < 8,5) sind gipsreiche Solonchake unter ökologischen Gesichtspunkten am günstigsten zu bewerten.
Solonetze entstehen vornehmlich als Folge von Grundwasserabsenkungen, die im Regelfall nach entsprechender Entsalzung der Na-salzreichen Solonchake entstehen.

3.2 Verwitterungsprozesse in den Steppengebieten

Chemische Verwitterungsprozesse sind in den Steppengebieten **prinzipiell zwar vorhanden**; jedoch hängt ihr Gehalt zwangsläufig mit den zur Verfügung stehenden Wassermengen zusammen. Je humider das Klima ist, umso stärker wird die **chemische Verwitterung**. Sie kann daher im Bereich der Feucht- bzw. Langgrasprärie der sonst dominierenden physikalischen Verwitterung – unter günstigen Bedingungen – durchaus die Waage halten.

Unter den **physikalischen Verwitterungsprozessen** spielt insbesondere die **Temperaturverwitterung** eine bedeutende Rolle, da sich die Gesteine aus verschiedensten Mineralien zusammensetzen und sich in der Folge – bei Erwärmung oder Abkühlung – unterschiedlich ausdehnen oder zusammensetzen können, wodurch sich das Gefüge langsam lockert. Da Gesteine nur durch eine geringe Wärmeleitfähigkeit ausgezeichnet sind, führt die in den Gesteinen vorhandene **Temperaturdifferenz** zu **Spannungen im Gestein**, sodass Stücke schlagartig abspringen können. Der Grad der Temperaturverwitterung ist in den Steppengebieten besonders auf die hohen Albedo-Werte zurückzuführen, somit auf die erheblichen Temperaturunterschiede im Verlauf eines Tages.
Auch die **Salzverwitterung (Salzsprengung)** spielt in den besonders trockenen Steppengebieten eine wesentliche Rolle. Sie beginnt dadurch, dass **Wassermengen über feine Poren in das Gestein eindringen und dort Salze, die früher durch chemische Verwitterung gebildet wurden, lösen. Kapillar aufsteigendes Bodenwasser führt die nun**

gelösten Salze mit, die infolge eines fortschreitenden Wasserverlustes an der Oberfläche auskristallisieren. Tritt nun erneut Wasser hinzu, so kommt es zu einer Volumenvergrößerung und in der Folge zu einer erhöhten Sprengwirkung.

Auch die **Frostverwitterung** ist in den höher gelegenen Steppenregionen – zumindest teilweise – bedeutsam. An feinen Haarrissen sickert Wasser in das Gestein ein, beim Gefrieren kommt es zu einer deutlichen Volumenzunahme und in der Folge kommt es zur Sprengung des Gesteins.

4. Nutzungsmöglichkeiten

Charakteristisch ist für die Präriegebiete, dass sie in hohem Maße entweder **agrar** genutzt werden **oder** eine – zumeist – **extensive Weidewirtschaft** betrieben wird. Der Grad der jeweiligen Nutzung hängt dabei zumeist von den unterschiedlichen klimatischen Gegebenheiten ab, sodass sich die tatsächliche Nutzung der einzelnen Steppenzonen recht unterschiedlich zeigt.

4.1 Nutzungsmöglichkeiten im Bereich der Waldsteppe und in feuchteren Teilbereichen der Feuchtsteppe

Die Waldsteppen sind heute zumeist **vollständig in Ackerland umgewandelt** und gelten – soweit es die Temperaturen zulassen – als **typische Maisanbaugebiete** (s. Abb. 4, Seite 8). **Voraussetzung** hierfür ist, dass die **mittlere Monatstemperatur** zumindest **in vier Monaten über 8°C liegt.** Der Umstand, dass Mais vorwiegend in der Waldsteppe, z.T. aber auch noch in den Feuchtsteppen angebaut wird, ist auf die Tatsache zurückzuführen, dass Mais selbst ein Hochgras ist und daher häufig in Gebieten angebaut wird, in welchen von Natur aus Hochgrasfluren vorherrschen. Allerdings muss in diesem Zusammenhang auch erwähnt werden, dass heute auch weniger anspruchsvollere Maissorten in Gebieten, welche jenseits der agronomischen Trockengrenze liegen, angebaut werden. **Neben dem Mais als wichtigster Kulturpflanze werden ferner vorwiegend Sojabohnen angebaut. Sojabohnen** dienen hauptsächlich als **Futtermittel für Rinder**, während **Mais** vornehmlich als **Futtermittel für Schweine** eingesetzt wird. Sojabohnen werden nach der Ernte zumeist direkt verkauft, während der Mais vorwiegend zunächst in Silos gelagert wird, bis er auf dem Markt einen guten Preis erbringt. Es ist nur allzu naheliegend, dass die erwirtschafteten landwirtschaftlichen Erträge weitaus höher liegen als sie für den eigenen Markt eigentlich benötigt werden würden. **Ein großer Teil der erwirtschafteten Erträge wird** daher **exportiert**, weshalb die USA daher auch als größter Agrarexporteur gilt. Ferner spielt der **Anbau von Weizen, Hafer und Alfalfa (Luzerne)** in den Waldsteppen eine weitere – verglichen mit Mais und Sojabohnen – allerdings untergeordnete Rolle.

4.2 Nutzungsmöglichkeiten in trockeneren Teilen der Feuchtsteppe und im Bereich der Mischgrassteppe

4.2.1 Anbauprodukte

In Teilbereichen der **trockeneren Feuchtsteppengebiete**, als auch im Bereich der Mischgrassteppe, dominiert – wie in Abbildung 4 (S. 8) ersichtlich ist – der **Weizenanbau**. In den **nördlicheren Teilen** dieser Steppengebiete wird vorwiegend **Sommerweizen, in den südlicheren** – aufgrund der klimatisch günstigeren Bedingungen – **auch Winterweizen** angebaut. Die **Grenze für den Anbau** setzte man in **früheren Zeiten bei mindestens 400mm Jahresniederschlagsmenge**; **heute** ist sie allerdings durch den Einsatz verschiedenster Methoden u.a. der verbesserten Methode des ´dry farmings´ (vgl. Kap. 4.2.2) **örtlich sogar auf 150mm Jahresniederschlag vorgeschoben**. Dies beinhaltet allerdings auch elementare Gefahren, welche aus der folgenden Abbildung (Abb. 12) abgeleitet werden können:

Abb.12: Niederschlagsvariabilität am Beispiel von Salina (Kansas):[1]

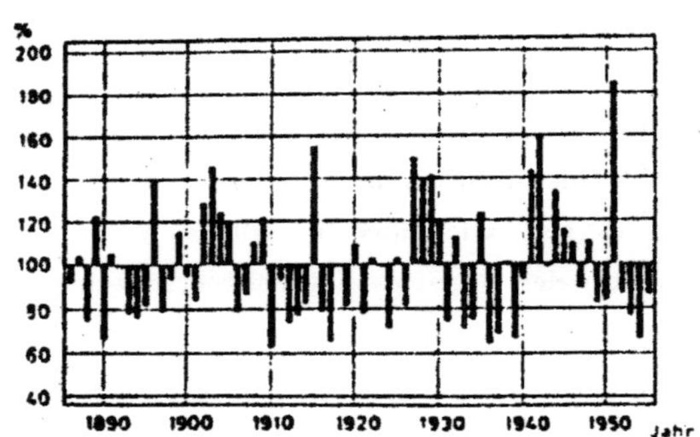

Der **Anbau des Weizens erreichte in den 30-er Jahren einen Höhepunkt**, da man zu diesem Zeitpunkt den **Anbau weit über die agronomische Trockengrenze** (98° w. Länge) setzte und damit in Gebiete zog, in welchen die jährlichen Niederschlagsmengen - für einen dauerhaften Anbau – einfach zu gering waren. **Inspiriert wurde man von einigen guten (Regen-)Jahren, doch verheerende Dürreperioden in den 30-er Jahren, die teils über 10 Jahre andauerten, brachten gravierende Folgen mit sich.** Auf brachliegenden Feldern wurde der **Boden vom Wind aufgenommen und entsprechend weggetragen (Deflation),**

[1] Walter, 1991, 348.

die berühmten ´dust bowls´ entstanden. **Plötzlich eintretende Regenfälle** verstärkten die bereits eingesetzte Bodenerosion erheblich, sodass es zu **flächenhaften Abspülungen (Denudationen)** kam und in der Folge **´badlands´** entstanden.

An dieser Stelle muss auch darauf hingewiesen werden, dass Dürreperioden in den Präriegebieten prinzipiell schon zu früheren Zeiten einsetzten. Wie die obige Abbildung verdeutlicht, gab es auch zwischen 1892-1896, sowie zwischen 1910-1914 und abermals zwischen 1916-1919 längere Dürreperioden, doch waren die Schäden in den 30-er Jahren infolge der anthropogenen Beeinflussung von weitaus größerer Intensität. Treten derartige Zerstörungen auf, so ist die Weiterbewirtschaftung dieser Gebiete nicht nur durch technische, sondern auch durch wirtschaftliche Probleme begleitet, „da Weidebetriebe mindestens das 4-fache der Fläche benötigen, d.h. Änderungen in der Landbesitzstruktur nötig werden."[1] **Neben dem Anbau von Weizen werden darüber hinaus auch Sorghumhirse und Gerste – allerdings in geringerem Anteil – angebaut.**

4.2.2 Schwerpunkte der Verbreitung, Leistung und Probleme der gegenwärtigen Getreideproduktion

Die **gegenwärtigen Verbreitungsschwerpunkte** des heutigen Getreideanbaus finden sich in Nordamerika vornehmlich **nördlich einer Linie der Staaten Kansas, Nebraska, South- und North-Dakota, sowie der Staaten Colorado, Wyoming, Montana, Saskatchewan (CAN) und Alberta.**

Im Gegensatz zu früheren Zeiten, in denen noch vorwiegend reine Familienbetriebe vorherrschten, stößt man **heute** vornehmlich auf **Großflächenbewirtschaftung**. Dabei herrscht vorwiegend eine **arbeitsextensive und kapitalintensive Bewirtschaftung** vor, wodurch die Erzeugerkosten für den Getreideanbau so weit gesenkt werden konnten, dass dieser sich gegenüber der einstigen Weidewirtschaft durchsetzen konnte. Viele Betriebe, für die sich der Erwerb teurer Maschinen letztlich nicht lohnt, arbeiten heute vorwiegend in einer Art ´Leasing- Verfahren´ oder lassen ihr Land von sogenannten **´harvesting companies´** (spezialisierte Unternehmen, die mit einer ganzen Kolonne von Mähdreschern und Lastkraftwagen durch die Weizengebiete ziehen) bearbeiten. Dabei werden pro Tag mehrere hundert Hektar abgeerntet. Betrachtet man die Anzahl der in der Landwirtschaft beschäftigten Erwerbstätigen, so fällt auf, dass die Zahl seit Jahrzehnten rückläufig ist, was den obigen Aspekt der arbeitsextensiven Vorgehensweise bestätigt.

---

[1] Schultz, Jürgen, 1988: Die Ökozonen der Erde. Stuttgart: Ulmer.

Abb. 13: Veränderungen in der Landwirtschaft der USA[1]				
	Farmbevölkerung (in Mill.)	Farmland (in Mill.ha)	Farmen (in Mill.)	Durchschnittliche Farmgröße (in ha)
1960	15,6	480	4,0	120
1980	9,0	400	2,5	160
1993	4,7	396	2,1	191

Waren 1960 noch 15,6 Mill. Menschen in der Landwirtschaft beschäftigt, so waren **1993 nur noch 4,7 Mill.**, was einer prozentualen Abnahme von 69% entspricht.

Verzeichneten die USA im Jahre **1935 noch 6,5 Mill. Farmbetriebe**, so ist sie seither in einer kontinuierlich – wenn auch in den letzten Jahrzehnten abgeschwächten – Rückwärtsentwicklung. **1993 waren noch etwa 2,1 Mio. Farmbetriebe** als solche genutzt, was verglichen mit dem Jahre 1935 einer prozentualen Abnahme von mehr als 67% entspricht. Trotz dieser negativen Entwicklungen zeigt sich allerdings, dass die durchschnittliche **landwirtschaftliche Betriebsgröße in den USA ständig wächst**, was die untenstehende Abbildung veranschaulicht.

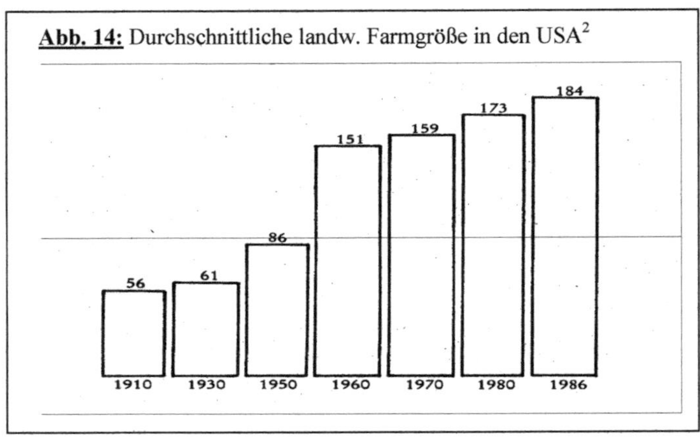

Abb. 14: Durchschnittliche landw. Farmgröße in den USA[2]

[1] Brucker, 1996,27.
[2] Dichtel, 1989, 120.

Anhand von Abbildung 14 wird deutlich, dass sich die Produktionskraft im Bereich der Landwirtschaft keinesfalls verringert hat. Wie bereits die vorherigen Ausführungen verdeutlicht haben, zählen die USA auch heute noch zu den führendsten Agrarexportländern.

Während 1950 ein in der Landwirtschaft Tätiger 10 Menschen ernährte, stellt heute eine Arbeitskraft den Nahrungsmittelbedarf von fast 90 Menschen sicher.
Die **Produktionssteigerung** lässt sich letztlich durch mehrere Faktoren erklären:

- Einsatz besseren Saatgutes,
- verstärkter Einsatz von Düngemitteln,
- verstärkter Einsatz von Schädlings- und Bekämpfungsmitteln (ökologisch aber nicht sinnvoll!),
- durch den Einsatz künstlicher Bewässerung, beispielsweise auch in Form der Kreisbewässerung,
- durch den Einsatz der Methode des **´dry farmings´**,
  nach welcher einem Anbaujahr stets ein Brachjahr folgt. Während der Phase der **Trockenbrache** wird das **Land von Unkraut freigehalten** und entsprechend **tiefgründig gepflügt**, damit der Boden in Zeiten starker Niederschlagsintensität reichlich Wasser aufnehmen kann. **Nach dem Regen wird das Land geegt**, **um** somit das **Kapillarsystem unterbrechen** und die **Verdunstung reduzieren zu können**. Derartige Anbauverfahren führten allerdings zu schwerwiegenden, teils irreversiblen Landschaftsschäden wie die Ausführungen auf den vorherigen Seiten bereits verdeutlicht haben. So kam es beispielsweise in den 30-er Jahren vorwiegend zu Ausblasungsschäden, welche den fruchtbaren Oberboden weggetragen haben (Deflation); plötzlich einsetzende Regenfälle rissen tiefe Runsen in die Äcker und schwemmten den Boden fort (Denudation).
- Zur Verhinderung dieser sogenannten ´soil erosion´ wird heute vornehmlich auf die **verbesserte Methode des ´dry farmings´** zurückgegriffen. Dabei bieten sich im Einzelnen folgende Maßnahmen an:
  - Die Monokultur des Getreideanbaus wird durch eine **sogenannte Fruchtwechselwirtschaft** ersetzt; somit werden – in regelmäßigem Wechsel – **nach Halmfrüchten Blattfrüchte angebaut**; beispielsweise **Luzerne**, die mit ihren tiefen Wurzelwerken und als entsprechender Bodendecker den Boden schützen.

- Anstelle der – zumindest einjährigen – Trockenbrache wird diese Zeit genutzt, um **bodenhaltende und bodenverbessernde Pflanzen** anzubauen.
- Eine weitere Möglichkeit besteht darin, die **Felder quer zur einfallenden Hauptwindrichtung anzulegen**, wodurch die mögliche Gefahr der Abtragung des Bodens durch den Wind (Deflation) verhindert, zumindest aber minimiert wird.
- Möglich erscheint es auch, die **Felder in Streifen aufzuteilen** um sie **wechselweise einerseits mit Weizen, andererseits mit bodenhaltenden Fruchtarten zu bebauen (´strip farming´).** Somit wird die Kraft des Windes gebrochen, die Gefahr der Deflation verringert.
- Durch sogenanntes **´contour ploughing´**, also durch **Pflügen entlang von Höhenlinien entsprechend geneigter Flächen**, kann die flächenhafte Abspülung (Denudation) verlangsamt werden. Darüber hinaus kann durch diese Maßnahme das Einsickern des Wassers in den Boden verbessert werden.
- Ferner besteht die Möglichkeit, **Stoppeln auf den Äckern als Windbremse stehen zu lassen (´stubble mulching´).** Diese bieten auch den Vorteil, den Schnee längere Zeit festhalten zu können.
- **Hänge, die als äußerst erosionsgefährdet gelten, können aufgeforstet oder gar in Dauergrünland zurückverwandelt werden.**

Letztlich bietet auch die **Anlage von Waldschutzstreifen (´windbreaks´) und Windschutzhecken (´shelter belts´)** eine adäquate Lösung zur Verhinderung der ´soil erosion´, da diese den Wind brechen und zudem das Mikroklima verbessern.

Weitere Gründe für das hohe Maß an landwirtschaftlicher Produktionskraft sind ferner in der **Mechanisierung** und in der **Rationalisierung** zu sehen. Insgesamt nimmt der Kapitaleinsatz für Maschinen stetig zu, nicht zuletzt deshalb, weil immer mehr große und leistungsfähige (Spezial-) Maschinen eingesetzt werden. Dieser hohe Kapitaleinsatz führt andererseits nur folgerichtig zu einer zwanghaften Rationalisierung und damit also auch zu einer Spezialisierung auf nur wenige Anbauprodukte, um die entsprechend teuren Maschinen auch ökonomisch einzusetzen.

Probleme der beeindruckenden Wachstumsraten

Das hohe Maß an landwirtschaftlicher Produktionskraft führt allerdings auch **zahlreiche Schattenseiten** hinter sich her. Ein **wesentliches Problem** ist in dem **Überangebot an landwirtschaftlichen Erzeugnissen** zu sehen, welche im Besonderen auf **Weizen und Mais** zutreffen. Die USA produzieren heute nämlich schon weitaus mehr, als sie zur Selbstversorgung überhaupt benötigen würden und mehr, um alles auf dem Weltmarkt verkaufen zu können. Die weiteren Folgen sind gravierend, da – infolge des Überangebots – die **Verkaufspreise auch auf dem Weltmarkt sinken**, sodass letztlich auch das **Einkommen der Farmbesitzer rapide absinkt**. Andererseits müssen die Farmer, um auf dem Weltmarkt überhaupt mithalten zu können, **zahlreiche Investitionen** – beispielsweise in **Düngemittel, Gebäude, Maschinen, Saatgut, Viehhaltung** – leisten, die sie in eine tiefe Schuldenkrise stürzen. Besonders kleinere Farmbetriebe müssen ihre Farm aufgeben, andere stehen kurz vor dem Ruin.

Das Bemühen der Regierung, die Überproduktion durch Subventionsbrache zu reduzieren, führte zu keinen nennenswerten Verbesserungen, da viele Farmer auf ertragreichere Böden auswichen, um dort den Anbau intensivieren zu können.

4.3 Nutzungsmöglichkeiten im Bereich der Trockensteppe bzw. der Kurzgrasprärie

Kurzgrassteppen galten schon zu früheren Zeiten vornehmlich als **Ranchinggebiete** und sind es – abgesehen von durch dry farming, künstlicher Bewässerung und Neuzüchtungen eingedrungenem Ackerbau – auch heute noch.

Ranching bezeichnet dabei eine **Weidewirtschaft**, in welcher – im Gegensatz zum Nomadismus – **feste Behausungen** vorliegen. Dabei ist die **extensiv, stationär betriebene Weidewirtschaft an große Flächen gebunden**, weil die Produktion von Biomasse auf den natürlichen Weiden nur äußerst gering ist. Für jedes **Rind** sind in der Regel **ca. 10-40 Hektar Weidefläche** erforderlich; bei den **Ranches handelt es sich um äußerst großflächige Betriebe, bei welchen Betriebsgrößen von 500-100000 ha keine Seltenheit darstellen**. Die größten Betriebe – teilweise beträgt ihre Betriebsfläche auch über 100000 Hektar, liegen zumeist im Übergangsbereich zur Wüstensteppe, in welchem Schafhaltung – im Vergleich zur sonst üblichen Rinderhaltung – geeigneter erscheint.

Das **Ranching** gilt letztlich deshalb als eines der **extensivsten Agrarsysteme, weil der Kapital- und Arbeitseinsatz pro Flächeninhalt auf ein Minimum reduziert wird**: Die **Weideflächen werden gewöhnlich nicht gedüngt und feste Stallungen bilden eher Ausnahmeerscheinungen.** Dem **Vieh stehen zumeist Naturweiden zur Verfügung**, wobei die Beweidung selbst zumeist kontrolliert – beispielsweise auf großen eingezäunten Koppeln – erfolgt. Die **Ranchingbetriebe** sind **im Wesentlichen ausschließlich weltmarktorientiert** und unterliegen daher einem gewissen **Absatzrisiko**. Neben der Abhängigkeit vom Weltmarktgeschehen, ergeben sich – infolge des hohen Spezialisierungsgrades – **weitere Risiken**: Aufgrund der Tatsache, dass zumeist nur eine Tierart gehalten wird, besteht die nicht zu unterschätzende **Gefahr, dass sich Krankheiten recht schnell ausbreiten können.** Des Weiteren muss auch auf klimatische Besonderheiten hingewiesen werden, da beispielsweise **längere Dürreperioden** – vor allem, wenn sie sich gar über mehrere Jahre erstrecken – **bestandsauswirkende Gefahren beinhalten**. Zudem führen lange Produktionszeiträume dazu, dass sich die **einzelnen Betriebe Marktveränderungen nur äußerst langsam anpassen können. Grenzen Wüstensteppen an feuchtere Gebirge, in denen in den Wintermonaten Schnee liegt,** so ist – wie beispielsweise in Utah – **heute gelegentlich auch noch Transhumanz** üblich. Dabei ziehen die Hirten in den Sommermonaten mit ihren Viehbeständen in höher gelegene Regionen, da die Weiden – den entsprechenden Bedingungen angemessen – besser erhalten sind.

5. Einstige Nutzung der Steppen durch die Indianer

Die **Indianerstämme** zählten rund 9-10000 Jahre zu diesem Steppenökosystem und waren **vorwiegend als Jäger, Sammler und zum Teil auch als Fischer tätig**. Die Indianer ernährten sich dabei vorwiegend von **Kleintieren, Samen, Wurzeln und von den – für die Prärie typischen – Bisons**, welche sie auf Freiersfüßen mit Pfeil, Lanze, Bogen und weiteren, einfachen Arbeitsutensilien erlegten. Einige Stämme – wie beispielsweise die Sioux **betrieben auch einfachere Formen des Anbaus, wie beispielsweise Tabak**. Der Bison an sich wurde gemeinsam erlegt, indem man weite Flächen einzäunte und dann den Versuch unternahm, die Bisonherden in die entsprechend eingezäunten Koppeln zu treiben. Eine weitere und besonders effiziente Tötungsform war in der Anlage von riesigen Feuerstellen zu sehen, wodurch man die Herden in Angst und Schrecken versetzt hatte, um sie dann in tiefe Schluchten hinunterstürzen zu lassen. **Diese Vorgehensweise der Indianer diente in der Anfangsphase hauptsächlich der Selbstversorgung**. Als **Tragetiere** wurden **Präriehunde** eingesetzt, welche die **Aufgabe des Lasttransports** (Transport von Fellen, Stangen, Arbeitsutensilien, u.a.) übernahmen. Dies hatte allerdings zur Folge, dass die Dimension der möglichen, zurückzulegenden Entfernungen nur äußerst gering sein konnte, sodass weite Teile der Prärie mehrere Jahrtausende fast völlig unbewohnt blieben. Dieser Sachverhalt änderte sich allerdings nach **1750**, da nun Gewehre und Pferde eingeführt wurden. Nun übernahmen die **Pferde die Aufgabe der Präriehunde** und zogen die Lasten hinter sich her. Die Tatsache, dass nun Pferde zur Verfügung standen, brachte natürlich auch den **Vorteil** mit sich, **weitere Strecken zurücklegen zu können**, sodass die Indianer nun auch in die einst fast menschenleeren Steppengebiete einziehen konnten. Selbstverständlich war man nun auch auf der Bisonjagd – im Vergleich zu früheren Zeiten – wesentlich erfolgreicher. Ursprüngliche Lebensgewohnheiten konnte die Indianerbevölkerung nun aufgeben, da sie die Möglichkeit hatten, - im Austausch gegen Felle – Waren zu erlangen, wodurch sich ihre **Lebensweise wesentlich verbessert** hat. Die Indianer mussten sich nun auch nicht mehr mit der Tatsache konfrontiert sehen, ständig an ein und demselben Platz wohnen zu müssen; sie konnten ihre festen Behausungen aufgeben und waren nun stets mit dem **Tipi** unterwegs.

Abb.15: Tipi[1]

Zählte man im Jahre **1800** noch rund **60 Mill. Bisons**, so war diese Zahl **1880** auf rund **1000** zurückgegangen, was natürlich zunächst einmal auf die Indianer selbst (sie ernteten zwischen 1850 und 1860 rund 3,5 Mill. Bisons), vor allem aber auf die um **1850** beginnende Erschließung des ´Wilden Westens´ zurückzuführen war. **Weiße Westwanderer** machten sich auf der Strecke von Kansas nach Utah ein großes Vergnügen daraus, mit aller Gewalt und so oft wie möglich in die Bisonherden hineinzuschießen. Dabei konnte nur eine geringe Menge des eigentlich zur Verfügung stehenden Fleisches genutzt werden, sodass um das Jahr 1860 riesige Ebenen von vor sich hin verwesenden Bisonherden bedeckt waren. So waren es letztlich die weißen Westwanderer, die binnen 10 Jahren, etliche Millionen Bisons getötet und somit den Bisonbestand – völlig grundlos – erheblich dezimiert haben. Allerdings begann die **eigentliche Bisonernte** erst **ab dem Jahre 1863**, da die **wachsenden Industriegesellschaften nun auch noch Treibriemen aus reinem Büffelleder** verlangten, zudem beschleunigte der **Bau der Eisenbahn** die Landnahme der ehemals fast reinen Indianergebiete zusehends. So veranstalteten die Eisenbahngesellschaften äußerst komfortable Bisonjagdausflüge, bei welchen Diener zugegen waren, die ständig die Gewehre nachluden. Die Gäste machten sich also ein großes Vergnügen daraus, in die Bisonherden einfach hineinzuschießen, um ihren grauenvollen Tod mitverfolgen zu können. Die Entfernungen waren dabei äußerst gering. Sie betrugen maximal 20m, die Trefferwahrscheinlichkeit somit

[1] Engelhardt, 1994, 20.

fast 100%, da die Bisons zudem etwa 1,80m groß und 1t schwer waren. Im Anschluss daran kamen Tausende von **Knochensammlern** die für die Seifen- und Leimindustrie auf Spurensuche waren und Nachlese hielten. Infolge dieser grauenhaften Abschlachtungsvorgehensweise der weißen Westwanderer wurde die **Lebensgrundlage der Indianerbevölkerung vollständig zerstört**, sodass diesen letztlich nur die Möglichkeit blieb, sich entweder auf Gnade oder auf Ungnade den übermütigen Westwanderern in den Weg zu stellen. **Ungnade bedeutete für die Indianerbevölkerung die Erhängung am Strang, Gnade ein schweres und kümmervolles Leben in Abhängigkeit und großer Armut im Reservat.** Die Reservatgebiete findet man heute vornehmlich in den entsprechenden Steppengebieten westlich des Mississippi. Die Zahl der Indianerbevölkerung hat heute wieder den Stand des 16. Jh. erreicht, sodass im Jahre 2000 wieder 2 200 000 Indianer in den USA zu finden sind, welche größtenteils von entsprechender Unterstützung, die die Bundesregierung ihnen zahlt, leben.

Abb. 16: Indianerbevölkerung in den USA[1]

Indianerbevölkerung in den USA	
um 1600	2 000 000
um 1860	44 000
um 1870	25 700
um 1880	66 400
um 1930	330 000
um 1960	500 000
um 2000	2 200 000

[1] Geiger, 1995, 18.

6. Nutzungswandel der Steppengebiete am Beispiel des Staates Wyomings

Abb. 17: Steppen des nordwestlichen Nordamerikas[1]

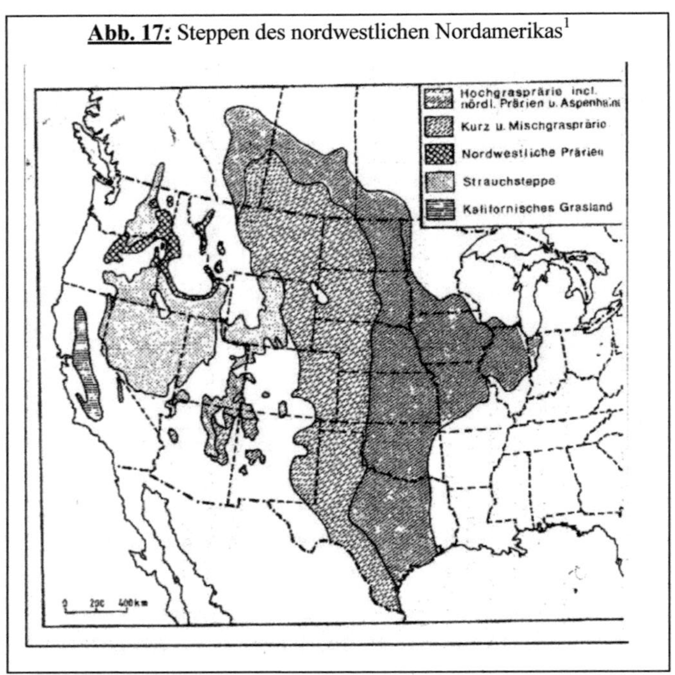

Die Steppengebiete Wyomings verfügen im östlichen Bereich – aufgrund des leicht höheren Humiditätsgrades – vorwiegend über Kurzgrasprärie, während in den westlichen Teilgebieten Strauchsteppen bzw. sagebrush-Steppen dominieren. Strauchsteppen, in denen – wie bereits angedeutet – jährlich etwa 80-250mm Niederschlag fallen, können als die eigentlichen reinen Weidegebiete des amerikanischen Westens angesehen werden. Seitdem allerdings ab Mitte des 18. Jahrhunderts die Besiedlung des Westens einsetzte, unterliegen die Steppengebiete Wyomings einem tiefgreifenden Wandel und vielschichtigem Nutzungswandel, der in der Folge dargestellt werden soll.

---

[1] Rindschede, [11]/1984, 22.

6.1 Nutzungswandel durch weiße Siedler in Wyoming

Die Erschließung der Steppengebiete Wyomings wurde zuerst von Jägern und Fallenstellern, den sogenannten Trappern, gebahnt, denen die Squatters – dies waren Siedlerfamilien, die das Land meist zur Selbstversorgung unter den Pflug nahmen – folgten. Entlang großer Wasserläufe wie beispielsweise dem North Plate River, Green- und Windriver, betrieb man **erste Anfänge von Gartenbau und Viehhaltung.** Infolge der nun zunehmend weiter in Ostrichtung vorstoßenden Pioniere, wurde die **Viehwirtschaft zur flächenhaft bedeutensten Nutzungsform in den Steppengebieten Wyomings.** Dabei hielt man anfangs vornehmlich **Schafe, später** – aus Kostengründen – **zumeist Rinder**. Auf entsprechend bewässerten Weiden war bis vor einigen Jahrzehnten auch noch die Milchkuhhaltung recht bedeutsam. Der Anbau hat dabei aber die stärksten Veränderungen durchgemacht; **dominierte einst der Anbau von Hafer, Kartoffeln und Roggen, so ist dieser heute auf Kosten von Weizen, Sojabohnen, Zuckerrüben und Gerste zurückgegangen.**

6.2 Nutzungswandel infolge intensiver Rohstoffgewinnung

Ursprünglich nutzten die Indianerstämme die Eisenerzlagerstätten in den Steppengebieten Wyomings fast ausschließlich für zeremonielle Zwecke. Seitdem lassen sich im Wesentlichen – bezüglich der Rohstoffgewinnung – drei elementare Entwicklungsstufen unterscheiden.

1. Entwicklungsstufe: ´Bergbauphase´

   Die Tatsache, dass Gold und Kupfererze, sowie zahlreiche große Kohlelagerstätten vorhanden waren, prägte die **erste Bergbauphase**. Die gewonnene **Kohle** war dabei vornehmlich für die **Versorgung der Dampflokomotiven** gedacht, die die Steppengebiete durchquerten.

2. Entwicklungsstufe: ´Erdöl- und Erdgaserzeugung´

   Seit dem **Jahre 1910** trat eine Veränderung bezüglich der Rohstoffgewinnung auf, da nun die **Erdöl- und Erdgaserzeugung** an die erste Stelle trat. Die Phase der steigenden Erdöl- und Erdgaserzeugung dauerte etwa 40 Jahre an.

3. Entwicklungsstufe: ´Uran- und Phosphaterzeugung´

   Seit dem Jahre **1950** konnte in den Steppengebieten Wyomings beobachtet werden, dass die **Kohleproduktion zusehends an Bedeutung verlor**. Diese Tatsache lässt sich „**auf die Umstellung von Dampflokomotiven auf den Dieselantrieb**“[1] zurückführen. Im Gegensatz zu dieser rückwärtigen Entwicklung, gewann die **Produktion von Phosphat und Uran** zusehends an Bedeutung. Die in den

Rohstofflagerstätten Wyomings erwirtschafteten Werte – liegen im Vergleich mit den in der Landwirtschaft oder im Tourismus erwirtschafteten Werten – rund dreimal bzw. fünfmal so hoch.

6.3 Nutzungswandel infolge steigender Touristenzahlen

Seit den letzten zwei Jahrzehnten ist der **Tourismus** in den Steppengebieten und im Staate Wyoming zu einem **bedeutenden Wirtschaftssektor** geworden. Die Steppengebiete gelten als **Erholungsräume, um Reiterferien zu verbringen oder um Tiere zu beobachten**. Die **Saison** ist dabei hauptsächlich der **Sommer und Herbst**, da hier die besseren klimatischen Bedingungen vorliegen. Der Tourismus bringt aber nicht nur positive Aspekte wie **Devisen** mit sich, sondern auch einige, bedeutende negative Aspekte: Die wichtigste Aktivität der Touristen kann nämlich in der **Jagd auf Pronghorn-Antilopen und Hirschen** gesehen werden. Zudem werden Steppenweiden zunehmend durch **Motorradsportler, Jeep- und Landroverfahrer genutzt**, wodurch **Boden und Vegetation erheblichen Belastungen ausgesetzt sind.**

6.4 Ökologische Folgen des Nutzungswandels

Wie bereits die Ausführungen in den vorherigen Kapiteln gezeigt haben, waren bzw. sind die Gebiete, die jenseits der agronomischen Trockengrenze liegen, nur bedingt zum Anbau von Getreide geeignet. Dies ist vor allem auf die bereits erwähnte Niederschlagsvariabilität zurückzuführen, da die Niederschläge über mehrere Jahre betrachtet nur äußerst unregelmäßig fallen. Dürreperioden Anfang der 20-er und insbesondere der 30-er Jahre brachten schlimme Folgen mit sich und trieben – in den Staaten Kansas, Colorado, Texas, Oklahoma – etwa 650000 Farmer in den Ruin. Abb. 25 verdeutlicht die Wanderung der Trockengrenze binnen einiger Jahre in den 20-er Jahren. Dabei wird deutlich, wie die ´gemischte Prärie´ periodisch eher zur Lang- oder Kurzgrasprärie wird.

Abb. 18: Trockengrenze in fünf aufeinander folgenden Jahren[1]

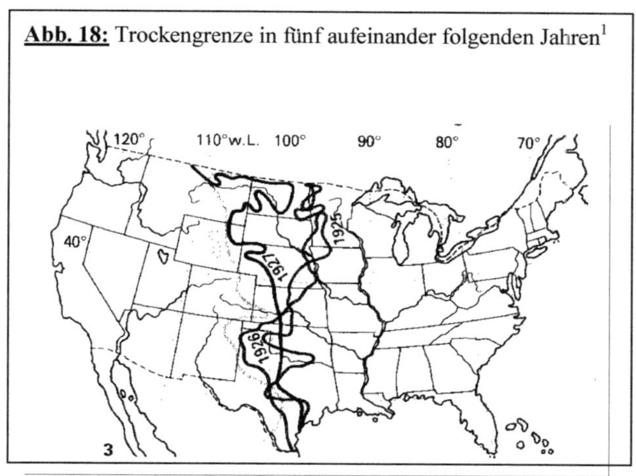

Stürme bliesen in der Folge die ausgetrockneten Humusschichten des Bodens weg (**Deflation**); plötzlich einsetzende Regenfälle führten zur oberflächennahen Abspülungen, zur **Denudation.**

Auch in jenen Steppengebieten, in welchen vorwiegend Weidenutzung betrieben wurde, kam es **infolge häufiger Überweidung zur allmählichen Degradation der Weiden**, zu einem stetigen **Rückgang der Grasbestandteile, zur Ausweitung von Strauchbeständen und letztlich zur Invasion von fremden, gebietsuntypischen Pflanzen.**

Heute sind allerdings die **Folgen der steigenden Rohstoffgewinnung** – unter ökologischen Gesichtspunkten – wesentlich **weitreichender**, da Eisen-, Kohle-, Kupfer- und Uranerze vornehmlich im Tagebau gewonnen werden müssen, wodurch nicht zuletzt das Landschaftsbild einschneidende Veränderungen erfährt. Auch die an Bedeutung gewinnende **Erdölproduktion ist mit gravierenden und zumeist irreversiblen Landschaftsschäden verbunden.** Letztlich kommt es durch zahlreiche **´off-road-vehicles´** zur **Landschafts- und Bodenzerstörung**; **Jagdausflüge auf außergewöhnliche Tierarten reduzieren deren Bestand und begünstigen langfristig deren Ausrottung**. Heute versucht man durch die Anlage von Naturschutzgebieten und **national parks**, die Tiere – wie beispielsweise auch die Bisons – vor deren Tötung zu schützen. In diesem Zusammenhang ist der **Wind Cave Nationalpark in South Dakota** zu nennen, in welchem man Prärieantilopen und Bisons

[1] Geiger, 1995, 27.

zahlreich beobachten kann. Insgesamt muss allerdings festgehalten werden, dass es in den USA noch viel zu wenig Naturschutzgebiete gibt.

Literaturliste

- Bender, Hans-Ulrich, 1994: FUNDAMENTE. Geographisches Grundbuch für die Sekundarstufe II. Stuttgart: Klett
- Brucker, Ambros, 1996: Unsere Erde 8. Realschule Ausgabe A. München: Oldenbourg
- Engelhardt, Wolf, 1994: Was immer der Erde widerfährt... . IN: Geographie heute 01/1994
- Geiger, Michael, 1995: TERRA Erdkunde. Realschule Baden-Württemberg 8. Stuttgart: Klett
- Härle, Josef, 1992: Seydlitz 4. Hannover: Schroedel
- Jätzold, Ralph, 1984: Steppengebiete der Erde. Bedingungen und Möglichkeiten. IN: Praxis Geographie 11/1984
- Rindschede, Gisbert, 1984: Nutzungswandel der Steppen in Wyoming/USA. IN: Praxis Geographie 11/1984
- Schultz, Jürgen, 1988: Die Ökozonen der Erde. Stuttgart: Ulmer
- Walter, Heinrich, 1990: Vegetation und Klimazonen. Stuttgart: Ulmer
- Walter, Heinrich, 1991: Ökologie der Erde. Band 4. Stuttgart: Fischer